DEUTSCHE AKADEMIE DER WISSENSCHAFTEN ZU BERLIN

VORTRÄGE UND SCHRIFTEN

HEFT 52

ENTWICKLUNGSPHASEN DER GEOPHYSIK

von

Hans Ertel

1953

AKADEMIE-VERLAG · BERLIN

Festrede, gehalten am 2. Juli 1953
(Leibniz-Tag der Deutschen Akademie der Wissenschaften zu Berlin)

Erschienen im Akademie-Verlag GmbH., Berlin NW 7, Schiffbauerdamm 19
Veröffentlicht unter der Lizenznummer 1218 des Amtes für Literatur und Verlagswesen
der Deutschen Demokratischen Republik
Gedruckt in der Buchdruckerei Oswald Schmidt GmbH., Leipzig III/18/65
Bestell- und Verlagsnummer 2003/52
Preis DM 1,40
Printed in Germany

Hochansehnliche Festversammlung!

Erfüllt mit Gefühlen der Dankbarkeit und Verehrung hat sich heute die Deutsche Akademie der Wissenschaften zu Berlin mit ihren Freunden wieder zu der Feier versammelt, welche alljährlich der Erinnerung an den Gründer dieser Institution, *Gottfried Wilhelm Leibniz*, gewidmet wird. Fast unerschöpflich wirkt sich noch jetzt, nach über zweiundeinhalb Jahrhunderten, der reiche Quell der Gedanken und Forschungsergebnisse dieses Geisteshelden aus, für dessen Wirken der französische Philosoph *Denis Diderot* die bewundernden Worte prägte, daß *Leibniz* allein für Deutschland so viel Ruhm eingebracht habe wie *Platon, Aristoteles* und *Archimedes* zusammen für Griechenland. Wie der grüne Rost des Alters den Wert der reinen Formschönheit eines metallenen Kunstwerkes zu steigern vermag, so gestattet uns gleichsam der wachsende Zeitabstand von den Tagen *Leibniz*scher Gedankenschöpfungen, den Wert vieler weitschauender Ideen und Pläne des Gründers unserer Akademie infolge zunehmender Vergleichsmöglichkeiten mit den inzwischen von den Wissenschaften eingeschlagenen Wegen in steigendem Maße zu würdigen. Beispielsweise kann die Deutsche Akademie der Wissenschaften zu Berlin erst in der neuesten Zeit dank verständnisvoller Unterstützung seitens der Regierung der Deutschen Demokratischen Republik damit beginnen, in größerem Maßstab die *Leibniz*sche Absicht zu realisieren, im Arbeitskreis der Akademie zwecks Förderung des Wohles der menschlichen Gesellschaft durch praktische Anwendung wissenschaftlicher Erkenntnisse „Theorici Empiricis felici connubio“ (Theoretiker mit den Empirikern in glücklicher Gemeinschaft) vereint wirken zu lassen.

Wenn man bedenkt, daß *Leibniz*' Lebenszeit (1646–1716) in eine Epoche fast ununterbrochener europäischer Kriege fiel, welche teils gegen deutsche Länder, teils auf deren Boden ausgefochten wurden, und daß Deutschland nach dem 30jährigen Kriege als ein loser Verband von über 350 kleinen und kleinsten Staaten mit den heterogensten politischen und konfessionellen Interessen das denkbar ungünstigste Milieu für die Wissenschaft darstellte, dann kann man das *Leibniz*sche Lebenswerk nicht hoch genug bewundern, zumal, wenn man dazu die erstaunliche Mannigfaltigkeit seiner Interessen in Betracht zieht. Philosophie und Logik, Mathematik und Mechanik, Sprachwissenschaft und Geschichtsforschung, Staatsrechtslehre und Nationalökonomie verdanken ihm teils hervorragende Erkenntnisse, teils beachtenswerte Anregungen. Dazu wären noch *Leibniz*' zeitraubende diplomatische Aktionen sowie seine kirchenpolitischen Bestrebungen zur Wiederherstellung der konfessionellen Einheit zu berücksichtigen, ferner zeitweilig bestimmte technisch-industrielle Interessen. Moderne Vertreter der genannten Disziplinen sind daher sehr wohl in der Lage, mannigfache Beziehungen des derzeitigen Standes oder der Entwicklung ihrer Wissenschaft zu diesbezüglichen *Leibniz*schen Gedankengängen aufzuzeigen.

Nun hat aber der ständig wachsende Baum der Erkenntnis nach *Leibniz*' Tode zahlreiche weitere Triebe in der Gestalt neuer Spezialwissenschaften hervorgebracht, die sich inzwischen zum Teil bereits zu stattlichen Ästen mit eigenen Zweigen und frischen Seitentrieben entwickelt haben. Hierzu gehört auch die Geophysik, die Physik der Erde mit ihrer Wasser- und Lufthülle. Die große Mannigfaltigkeit der physikalischen Eigenschaften und Zustandsänderungen der einzelnen Teile dieses Objekts der Geophysik, das sich vom inneren Kern der Erde bis zu den ionisierten Schichten der oberen Atmosphäre in einigen hundert Kilometern Höhe über der Erdoberfläche erstreckt, hat eine weitgehende Differenzierung der Geophysik bedingt, die wir zunächst kurz betrachten wollen. Die Physik des festen Erdkörpers stellt den zentralen Teil des Komplexes der geophysikalischen Wissenschaften dar und beschäftigt sich mit der Mechanik unseres Planeten, mit der physikalisch-chemischen Konstitution des inneren Erdkörpers und der Erdrinde sowie mit dem irdischen Schwerkraft- und Magnetfeld. Seismologie (Erdbebenkunde) und Geomagnetismus sind wichtige Teilgebiete dieser sogenannten „Geophysik im engeren Sinne". Es bestehen hier naturgemäß mannigfache Beziehungen zu verwandten Wissenschaften wie Astronomie, Dynamische Geologie, Vulkanologie und Geochemie, ganz besonders aber auch zur Geodäsie, der Lehre von der Erdmessung, indem das Hauptproblem der Höheren Geodäsie, die Bestimmung der Erdfigur, letzthin keine geometrische, sondern eine physikalische, potentialtheoretische Aufgabe darstellt. Zur Erklärung der inneren Konstitution des Erdkörpers ist hier ferner die Berücksichtigung von Theorien der Astrophysik und Kosmogonie erforderlich, während andererseits zur Darstellung gewisser Feinheiten der Erdbewegung (z.B. der Polhöhenschwankungen) die diesbezüglichen Resultate der Himmelsmechanik durch spezifisch geophysikalische Zusätze, beispielsweise durch die Berücksichtigung irdischer Massenverlagerungen, erweitert werden müssen.

Die Erforschung der physikalischen bzw. physiko-chemischen Verhältnisse der Wasserhülle unseres Planeten ist Aufgabe der Hydrographie im weiteren Sinne, die sich in Ozeanographie (Meereskunde), Limnologie (Seenkunde), Potamologie (Flußkunde), Grundwasserkunde und Glaziologie (Gletscherkunde) differenziert hat. Auch hier bestehen enge Beziehungen zur Geologie und Geochemie, aber durch den Kreislauf des Wassers sind bereits Beziehungen zur Physik der Atmosphäre gegeben, der Meteorologie, die wiederum eine große Anzahl von Spezialdisziplinen entwickelt hat, von denen die Theoretische Meteorologie, welche die Statik, Dynamik und Thermodynamik der Atmosphäre enthält, die Synoptische Meteorologie (Wettervorhersage) und die Klimatologie die umfassendsten sind, als weitere hier aber wenigstens noch die Aerologie (Physik der freien Atmosphäre), die Meteorologische Optik, die Meteorologische Akustik und die Lehre von der Luftelektrizität Erwähnung finden sollen. Die hochverdünnten, durch den Einfluß der ionisierenden Wirkung der Sonnenstrahlung elektrisch leitende Schichten ausbildenden Partien der Erdatmosphäre oberhalb 80 km Höhe, welche in höheren Breiten zugleich die Region der Polarlichter darstellen, bilden das Objekt eines weiteren geophysikalischen Spezialgebietes, der Ionosphärenforschung, welche nicht nur zur Astrophysik, sondern auch zum Erdmagnetismus, zur Atomphysik und zur Funktechnik in engen Beziehungen steht.

Es gestatten überhaupt fast alle der genannten geophysikalischen Spezialdisziplinen bereits vielfache praktische Anwendungen, nicht nur in der Technik, sondern auch in der Biologie und Medizin. Aber dazu hat sich in den letzten Dezennien weiterhin als überwiegend den Zwecken der praktischen Geologie dienender Teil die sogenannte Angewandte Geophysik entwickelt, welche sich zur Aufsuchung von Lagerstätten gravimetrischer, seismischer, magnetischer, elektrischer, thermischer, radioaktiver und geochemischer Methoden bedient, die darüber hinausgehend aber auch bereits wiederum Bereiche der Technik, z. B. die Baugrundforschung und den Verkehrsbau befruchtend infiltriert.

Es kann kein Zweifel darüber bestehen, daß dieses System der geophysikalischen Wissenschaften *Leibniz* begeistert hätte, denn bekanntlich zeigte er großes Interesse an gewissen elementaren geophysikalischen Fragen, die zu seiner Zeit, in der selbst der Name „Geophysik" noch unbekannt war, im Rahmen der „Allgemeinen Geographie" erörtert wurden, welche kurz vorher durch den genialen, leider jung verstorbenen *Bernhard Varenius* ihre wissenschaftliche Begründung erfahren hatte. Beispielsweise interessierte sich *Leibniz* sehr für das Problem des tellurischen

Magnetismus; er lehnte bereits im Jahre 1681 die Ansicht *Descartes* ab, daß die magnetische Deklination eine zufällige Erscheinung sei, und versuchte später mit Unterstützung des Zaren *Peter d. Gr.* eine Kette erdmagnetischer Stationen vom Rhein bis nach China zu organisieren, um die Frage der regionalen Änderung der Deklination und Inklination zu klären. Welchen wissenschaftlichen Weitblick *Leibniz* mit diesem Plan bewiesen hat, wird aus der Tatsache ersichtlich, daß die Petersburger Akademie auf Grund einer erneuten Anregung *Alexander v. Humboldts* im Jahre 1828 die Einrichtung einer derartigen erdmagnetischen Stationskette tatsächlich als notwendig erachtete und daraufhin einrichtete, natürlich unter Erweiterung des Umfangs und Erhöhung der Präzision der Messungen entsprechend den inzwischen in der Lehre vom Erdmagnetismus erzielten Fortschritten.

Leibniz war im Zusammenhang mit bergbaulichen Aufgaben, die er übernommen hatte, auch an der Geologie interessiert. Seine geologisch-paläontologische Schrift „Protogaea", eine „Abhandlung von der ersten Gestalt der Erde und den Spuren der Historie in den Denkmalen der Natur", erschien im Druck vollständig erst nach seinem Tode; *Leibniz* selbst veröffentlichte 1693 nur einen kurzen Auszug in den Acta Eruditorum, obgleich das vollständige Manuskript die Zustimmung der Sorbonne gefunden hatte. Wenn dieses Werk von einem modernen Geologen *(K. Hummel)* in die „spekulative Richtung der Geologie" eingruppiert wurde, so darf daran erinnert werden, daß selbst der zu *Leibniz'* Zeit wirkende, die empirische Richtung der Geologie begründende *Nikolaus Steno* (1638–1687) noch bestrebt war, die Lehren der Theologie nicht zu verletzen. Immerhin läßt *Leibniz'* geologische Arbeit die Frage entstehen, warum *Leibniz'* kombinatorische Fähigkeiten ihn bei den engen Beziehungen zwischen gewissen geologischen und geophysikalischen Problemen nicht zu weiteren der letzten Art vordringen ließen. Es dürften zwei Momente sein, welche die Beantwortung dieser Frage gestatten: Erstens zog sich *Leibniz* wegen Streitigkeiten mit den Beamten des hannoverschen Bergamtes von seinen diesbezüglichen bergbautechnischen Geschäften zurück (1685). Zweitens hat *Leibniz* selbst erkannt, daß die höchsten Interessen seines Geistes nicht dem Bereich der messenden Physik zugewandt sind, der unentbehrlichen Basis für die quantitative Behandlung physio-geographischer Probleme, sondern dem spekulativen Gebiet; sein berühmter letzter Brief an *Arnauld* (23. März 1690) legt von dieser Einstellung seines Geistes eindeutig Zeugnis ab. Wäre zu *Leibniz'* Zeit schon die theoretische Bearbeitung einer größeren Anzahl geophysikalischer Probleme etwa mit den Methoden der von ihm und *Newton* unabhängig voneinander entwickelten Infinitesimalrechnung möglich gewesen, so würden wir in den Annalen der Geschichte der geophysikalischen Wissenschaften vielleicht auch den Namen *Leibniz* verzeichnet finden. Die theoretische Behandlung geophysikalischer Probleme war damals jedoch infolge der schmalen empirischen Basis auf wenige Fälle eingeschränkt und diese wurden, wie z.B. die statische Theorie der Meeresgezeiten und die barometrische Höhenformel, von *Leibniz'* großem Zeitgenossen *Newton* und dessen Landsmann *Halley* bereits erfolgreich bearbeitet.

Wenn mir hier die Aufgabe obliegt, im Rahmen dieses Festvortrages die Beziehungen *Leibniz*scher Wirksamkeit zur Geophysik darzulegen, so kann ich mich daher nicht auf die wenigen, bereits erläuterten direkten Wirkungen beschränken, sondern muß die indirekten Wirkungen einbeziehen, welche in der Förderung der geophysikalischen Wissenschaften durch diejenige Institution bestehen, welche *Leibniz'* erfolgreichste organisatorische Schöpfung darstellt, die Berliner Akademie.

Die Entwicklung der einzelnen Spezialdisziplinen der Geophysik vom Beginn des 18. Jahrhunderts bis zur Jetztzeit erfolgte nicht simultan, sondern in mehreren, sich zeitlich partiell superponierenden Phasen. Kurz nach *Leibniz* Tode (1716) setzte im Zusammenhang mit dem Auftreten des Problems der genaueren Bestimmung der Erdfigur die Entwicklung derjenigen Teile der

Geophysik ein, die mit der Geodäsie und Astronomie bzw. Kosmogonie in Beziehung stehen, eine Entwicklung, welche kontinuierlich bis zur Gegenwart angehalten hat. Eine zweite Phase nimmt in der Lebenszeit *Alexander v. Humboldts* ihren Anfang, charakterisiert durch die Erhebung der bis dahin im Rahmen der Geographie deskriptiven Charakter tragenden Fächer wie Meteorologie, Klimatologie, Hydrographie, Geomagnetik und Seismologie zum Range geophysikalischer Disziplinen mit weiterer Selbstdifferenzierung, als deren modernste Glieder Polarlicht- und Ionosphärenforschung zu betrachten sind. Schließlich begann in den letzten Dezennien die dritte Phase mit der Ausbildung der angewandten Geophysik im Zusammenhang mit der durch die Rohstoffwirtschaft geforderten Intensivierung der Lagerstättenforschung. Zu allen drei Entwicklungsphasen der Geophysik hat unsere Akademie durch zahlreiche Mitglieder, die mit glänzenden Namen im Buch der Wissenschaftsgeschichte verzeichnet sind, grundlegende Erkenntnisse beigesteuert.

Bevor wir vor unserm geistigen Auge das Panorama der Entwicklungsphasen der Geophysik vorüberziehen lassen, werfen wir noch einen kurzen Blick auf den embryonalen Zustand der geophysikalischen Disziplinen im Schoße der Erdkunde vor der Gründung unserer Akademie, wie ihn etwa die „Geographia Generalis" des scharfsinnigen *Bernhard Varenius* darbietet, ein Werk, dessen Qualität aus dem Umstand ersichtlich ist, daß kein Geringerer als *Isaac Newton* zwei Ausgaben (Cambridge 1672 und 1681) desselben besorgte. In den in geophysikalischer Hinsicht interessierenden Kapiteln dieses Werkes werden u.a. behandelt: Die Größe der als Kugel betrachteten Erde, ein Vorschlag zur Bestimmung des Gewichtes der Erde, Vulkanismus, Elemente der terrestrischen und ozeanischen Morphologie, Dichte und Salzgehalt des Meerwassers, Meeresströmungen und Gezeiten, solare Bestrahlungsverhältnisse der Erde, Klimafaktoren, Windsysteme, Niederschläge, schließlich optische und spezielle elektrische Erscheinungen der Atmosphäre. Wenngleich *Varenius* die meisten dieser Probleme nur qualitativ, nicht quantitativ behandeln konnte, so bearbeitete er sie doch weitaus allgemeiner und sachlicher als irgendeiner seiner Vorläufer und Zeitgenossen. *Varenius'* Werk stellte an den geographischen Leserkreis bereits Anforderungen, „welchen der Großteil der Leser noch nicht zu genügen vermochte" *(S. Günther)*, und nur wenige, wie der kongeniale *Newton*, verstanden das hohe Niveau dieses Werkes zu würdigen. „Es hat sehr, sehr lange gedauert, bis die gelehrte Welt des schöpferischen Kopfes sich wieder zu erinnern begann, dessen fast gänzliche Beiseitesetzung erheblich dazu beigetragen hatte, die Erdkunde von der richtigen Fährte abzulenken" und sie im 18. Jahrhundert weitgehend in eine länderkundliche Statistik und Kuriositätensammlung entarten zu lassen. Erst *Alexander v. Humboldt*, dessen „Auffassung des Welt- und Erdganzen sich so nahe mit derjenigen *Varenius'* berührte, hat Werk und Autor wieder in ihre vollen Ehrenrechte eingesetzt" *(S. Günther)*. So erklärt es sich, daß inzwischen ein reichliches Jahrhundert Zeit für den Beginn einer anders orientierten Phase der Geophysik verblieb und die Auswirkungen der Ideen des *Varenius* erst in der zweiten Phase der Geophysik in Erscheinung treten konnten. *Varenius*, der erste deutsche Klassiker der Geographie, lebte nach der im 30jährigen Krieg erfolgten Zerstörung seiner Heimatstadt Lüneburg in den Niederlanden und erlag dort im Alter von 28 Jahren seiner maßlosen Überarbeitung in Verbindung mit der Sorge um das tägliche Brot. Fälle dieser und ähnlich trauriger Art, an denen die Geschichte der Wissenschaften nicht arm ist, lassen die seitens der Regierungen moderner demokratischer und sozialistischer Staaten ergriffenen Maßnahmen zur Förderung des wissenschaftlichen Nachwuchses als leuchtende Sterne am Firmament der sozialen Ethik erstrahlen, die richtungweisend sind für den wahren Kulturaufstieg der Menschheit.

Fünf Dezennien nach *Varenius'* Tod leitet das um die Wende des 17. Jahrhunderts auftretende Problem der genaueren Bestimmung der Erdgestalt die erste Phase der Entwicklung der

Geophysik ein. Um die Beziehungen unserer Akademie zu dieser Entwicklung in personeller Hinsicht klar zu kennzeichnen, werden in der folgenden kurzen Entwicklungsskizze der Geophysik nur die Namen solcher Forscher Erwähnung finden, welche als ordentliche, auswärtige, außerordentliche oder korrespondierende Mitglieder mit unserer Akademie verbunden waren und deren abgeschlossene Leistungen in die Geschichte der Wissenschaften eingegangen sind.

Die Ergebnisse der ersten größeren, in den Jahren 1669–1718 durchgeführten französischen Meridiangradmessungen führten zu dem Schluß, daß die Erdfigur die eines nach den Polen zu verlängerten Ellipsoids sei, im Widerspruch zu einer Folgerung der Physik, nach der aus dem Zusammenwirken von Attraktion und Erdrotation ein angenähertes Rotationsellipsoid mit polarer Abplattung als Form des deformierbaren Erdkörpers resultieren muß. Der daraufhin zwischen den französischen Geometern und den englischen Physikern entbrannte und jahrzehntelang mit Erbitterung geführte wissenschaftliche Streit wurde erst durch den Vergleich der Ergebnisse zweier Meridiangrad-Vermessungsexpeditionen entschieden, welche die französische Akademie 1735 nach Lappland und Peru entsandte. Indem die lappländische Expedition eine größere Länge für den Meridiangradbogen ermittelte als die peruanische, war die Frage der genaueren Gestalt der Erde zu Gunsten des abgeplatteten Rotationsellipsoids entschieden.

Die Leitung der lappländischen Expedition oblag dem Mathematiker *Maupertuis*, der 1738 den Expeditionsbericht veröffentlichte und es in geschickter Weise verstand, sich selbst das ganze Verdienst der Expeditionsarbeit zuzuschreiben. *Alexander v. Humboldt*, welcher die Gabe besaß, jede Gesellschaft mit den Eindrücken seiner amerikanischen Reise noch nach Jahren so zu unterhalten, als sei er eben erst zurückgekehrt, verblaßt in dieser Hinsicht gegenüber *Maupertuis*, der zeitlebens „vom Pol“ zurückkam, „und das Selbstgefühl, der Erde ihre Gestalt gegeben zu haben, sprach er in so drastischer Weise aus, als habe er die Pole selbst abgeplattet" *(A. Harnack)*. Tatsächlich ließ er sich ein Bild malen, das ihn bei dieser Betätigung darstellt. Mit weiteren bedeutenden geodätischen Arbeiten ist *Maupertuis* nicht hervorgetreten; seine Verdienste als späterer Präsident unserer Akademie liegen auf einem anderen Gebiet.

Hingegen verdanken wir einem weiteren Mitglied der Expedition, dem Mathematiker *Clairaut*, eine geophysikalische Leistung von großer Bedeutung. Sein 1743 erschienenes Werk „Théorie de la Figure de la Terre" enthält u. a. das später nach ihm benannte Theorem, welches die Abplattung der Erde mit der Schwerkraft in zwei Punkten der Erdoberfläche sowie mit der Zentrifugalkraft am Äquator verknüpft und welches in der Form einer approximativen Beziehung zwischen geometrischen und physikalischen Größen somit erstmalig die Verbindung von mathematischer Geodäsie und Geophysik herstellte. Der geniale Mathematiker *Pierre Simon de Laplace*, dem auch die Geophysik wertvollste Arbeiten verdankt, reihte später das *Clairaut*sche Werk wegen der Bedeutung der darin enthaltenen Ergebnisse in Verbindung mit der Eleganz ihrer Darstellung unter die „schönsten mathematischen Werke" ein. *Clairauts* Theorem gestattet die approximative Bestimmung der Erdgestalt durch Schweremessungen entsprechend der Genauigkeit der damaligen geodätischen Operationen, und erst gegen Ende des vorigen Jahrhunderts erweiterten *Helmert* und *George Howard Darwin* (ein Sohn *Charles Darwins*) die *Clairaut*sche Approximation durch Berücksichtigung von Zusatzgliedern, in denen sowohl eine geringe Abweichung der Erde von der Rotationssymmetrie als auch eine schwache Asymmetrie der Nord- und Südhemisphäre zum Ausdruck kommt.

Die um die Mitte des 18. Jahrhunderts gesicherte Erkenntnis der rotationsellipsoidischen Gestalt der Erde ermöglichte durch Kombination des Gravitationsgesetzes mit den Lehren der gerade durch den ebenso umfassenden wie produktiven Mathematiker *Leonhard Euler* fundierten Analytischen Mechanik sofort die Erklärung der seit dem Altertum bekannten Präzession und der 1747 von *Bradley* entdeckten Nutation. Es handelt sich hierbei um eine doppeltperiodische Wanderung der Rotationsachse der Erde auf einer undulierend-gerieften Kegelmantelfläche mit Perioden von etwa 26000 Jahren und $18^2/_3$ Jahren, bei welcher, da Erdkörper und Rotationsachse keine relative Änderung zueinander erfahren, die geographischen Koordinaten unverändert bleiben. Es gelang 1749 dem Mathematiker und Philosophen *d'Alembert*, diese Achsenschwankungen durch die kombinierte Attraktion von Sonne und Mond auf den äquatorialen Massenwulst der ellipsoidischen Erde zu erklären.

Umgekehrt bedingt die Tatsache, daß die Attraktionswirkung der ellipsoidischen Erde auf den Mond eine andere ist als die einer kugelförmigen Erde, eine zwar kleine, aber trotzdem wichtige periodische Störung der Mondbewegung, auf welche man 1767 aufmerksam wurde, ohne dieselbe theoretisch deuten zu können. Erst im Jahre 1802 konnte *Laplace* im 3. Band seiner berühmten Himmelsmechanik als erster beweisen, daß diese Störung tatsächlich eine Folge der Ellipsoidform der Erde ist und daher von ihrer Abplattung abhängt; er benutzte dann umgekehrt die Mondstörung zur Berechnung der Abplattung des Erdellipsoids. Es kann kaum etwas Auffallenderes gedacht werden, meint hierzu später der berühmte Astronom *Friedrich-Wilhelm Bessel*, als die Behauptung, daß der Astronom die Figur der ganzen Erde bestimmen könne, ohne seine Sternwarte zu verlassen. Tatsächlich erhielt *Laplace* aus den Mondstörungen bereits sehr brauchbare Abplattungswerte. Deren Übereinstimmung mit den aus den inzwischen zahlreich durchgeführten und von *Bessel* 1841 zu lange Zeit für normativ geltenden Erddimensionen verarbeiteten Gradmessungen verbesserte sich noch wesentlich, als *Hansen* auf Grund seiner 1857 erschienenen neuen Mondtafeln eine Wiederholung der *Laplace*schen Rechnung durchführte. *Hansen* errechnete für die Abplattung einen Wert ($^1/_{298}$), der sowohl mit dem von *Bessel* aus Gradmessungen abgeleiteten ($^1/_{299}$), wie auch mit dem von *Helmert* aus Schweremessungen ermittelten ($^1/_{297}-^1/_{299}$) sehr gut übereinstimmt.

Den Anschauungen der Geodäsie des 18. und der ersten Hälfte des 19. Jahrhunderts entsprechend konnten wir bisher die Begriffe „Erdfigur" und „abgeplattetes Rotationsellipsoid" synonym gebrauchen, müssen aber nunmehr die bedeutsame Wandlung des Begriffs „Erdfigur" erwähnen, die von dem größten deutschen Mathematiker des 19. Jahrhunderts, *Carl-Friedrich Gauß*, im Jahre 1823 eingeleitet wurde. Indem *Gauß* der Geodäsie eine physikalisch-potentialtheoretische Basis gab, schuf er zugleich die Voraussetzung für die in der Folgezeit einsetzende Verstärkung der fruchtbaren Zusammenarbeit zwischen der Geodäsie und der sich inzwischen zum Rang einer selbständigen Disziplin entwickelnden Geophysik. Der *Gauß*schen Definition der Erdfigur liegt der Begriff der Niveauflächen des Schwerepotentials oder der sogenannten Äquipotentialflächen zugrunde, d.h. jener in unendlicher Anzahl vorhandenen Flächen, die man sich im Schwerkraftfeld der Erde, Hydro- und Atmosphäre so gelegt denken kann, daß die Kraftlinien des Schwerkraftfeldes von diesem Niveauflächensystem überall senkrecht geschnitten werden, die Schwerkraft also in jedem Punkt jeder Fläche senkrecht zu dieser gerichtet ist. Dabei kommt jeder Niveaufläche ein bestimmter Wert der Lageenergie oder potentiellen Energie einer darauf liegend gedachten Masseneinheit zu, das Potential, welches diese Fläche von den anderen Flächen mit anderen Potentialwerten unterscheidet. Keine dieser Flächen kann von einer anderen geschnitten werden, da sonst jedem Punkt der Schnittkurve zwei Potentialwerte zugeordnet wären. Die freie Oberfläche jeder ruhenden Flüssigkeit ist, von der kapillaren Randstörung abgesehen, ein Teil einer derartigen Niveaufläche.

Abstrahierend von der physischen Erdoberfläche, die aus der Oberfläche der Kontinente und der Ozeane besteht, definiert nun *Gauß* diejenige Niveaufläche des Schwerepotentials als Erdfigur, von der die Meeresoberfläche ein Teil ist, dabei stillschweigend annehmend, daß die Meeresoberfläche mit einer Niveaufläche zusammenfällt. Für diese die Erdfigur definierende Niveaufläche hat sich seit 1872 die Bezeichnung „Geoid“ eingebürgert. Die frühere Erdfigur, das Rotationsellipsoid, ist jetzt dadurch gekennzeichnet, daß es nur durch einen Teil jener Potentialfunktion bestimmt ist, die in vollständiger Form das Geoid darstellt; Geoid und Rotationsellipsoid können daher nicht zusammenfallen, jedoch verbleiben die vertikalen Abweichungen des Geoids von einem passend gewählten Bezugs- oder Referenzellipsoid unterhalb von 50–100 m und bedingen, sich großräumig abschwächend, nur Böschungen sehr geringer Neigung. Allein diese „Geoidundulationen“, die durch Kombination von astronomisch-geodätischen und geophysikalischen Messungsoperationen punktweise bestimmt werden müssen, sind als Ausdruck ungleicher Massenverteilungen im Erdinnern von großer Bedeutung für viele Probleme der modernen Geophysik.

Indem wir bemerken, daß gewisse Schwierigkeiten der *Gauß*schen Definition der Erdfigur zusammen mit praktischen Gründen den Astronomen *Bruns* später veranlaßten, als Aufgabe der Geodäsie die Bestimmung des ganzen Systems der Niveauflächen des Schwerepotentials der Erde zu fordern, wenden wir uns noch der Entwicklung eines geophysikalisch bedeutsamen Problems anderer Art zu.

Dem bereits erwähnten genialen *Leonhard Euler* kommt u.a. das Verdienst zu, in seiner „Theorie der Drehung fester Körper um eine bewegliche Achse“ gezeigt zu haben, daß Verschiebungen der geographischen Pole auf der Erdoberfläche eintreten müssen, wenn die Rotationsachse der Erde nicht immer genau mit einer ihrer durch die Massenanordnung bestimmten sogenannten Hauptträgheitsachsen zusammenfällt. Dann muß nämlich der Rotationspol um denjenigen der Trägheitsachse eine Kreisbewegung mit einem Radius von wenigen Metern in einer Periode von etwa 10 Monaten vollführen, wenn der Rechnung die *Euler*sche Annahme einer völlig starren Erde zugrunde gelegt wird. Bei der numerischen Geringfügigkeit dieses Effektes, der im Bogenmaß nur Bruchteile von Bogensekunden beträgt, mußten über hundert Jahre vergehen, bis auf der russischen Sternwarte Pulkowa durch genaue Höhenmessungen des Polarsterns Andeutungen dieser *Euler*schen Polbewegung gefunden wurden. Weiter verfeinerte astronomische Beobachtungskunst ermöglichte es in den Jahren 1885/1886 dann *Küstner* in Berlin, derartige Polhöhenschwankungen endgültig sicherzustellen, worauf in Anbetracht der Bedeutung dieser Schwankungen für die gesamten astronomisch-geodätischen Messungen eine weitgehende internationale Zusammenarbeit einsetzte, als deren Ergebnis nunmehr feststeht, daß die geographischen Pole unregelmäßige, kreisähnliche Spiralen durchlaufen, deren Perioden bzw. Amplituden um die Mittelwerte 14 Monate bzw. 20 Meter oszillieren, die sich im einzelnen jedoch nicht genau vorausberechnen lassen, sondern nur aus fortlaufenden Messungen an verschiedenen, zweckmäßig über die Erde verteilten Stationen ermitteln lassen. Zur theoretischen Begründung dieses Ergebnisses hatten bereits vorher der Astronom *Newcomb* und der Physiker Lord *Kelvin* beigetragen, indem ersterer zeigte, daß die Deformierbarkeit des Erdkörpers die 10monatige *Euler*sche Periode verlängert und letzterer, daß die mitzuberücksichtigenden jahresperiodischen Massenumlagerungen der Hydro- und Atmosphäre die Amplitude gegenüber der *Euler*schen Rechnung vergrößert. In neuester Zeit interessiert sich die Geophysik für die Frage, ob die mit den Achsenschwankungen der Erde verbundenen Deformationen des Erdkörpers als auslösende Faktoren für Erdbeben wirken können; obgleich hierfür gewisse Andeutungen erdbeben-statistischer Art vorliegen, ist z. Z. diese Frage noch nicht entschieden. Die Sowjetunion verfügt für Zwecke der Erdbebenprognose in ihren Erdbebengebieten über ein sich ständig verdichtendes Netz von sogenannten Bodenneigungs-Meßstationen, deren Instrumentarium die Meßgenauigkeit von einer Zehntel-Bogensekunde übersteigt und deren Ergebnisse in der nächsten Zeit vielleicht zur eindeutigen Klärung des Problems beitragen können.

Indem wir soeben das Gebiet der Erdbebenkunde, der Seismologie, tangierten, die sich wie zahlreiche andere geophysikalische Spezialwissenschaften erst in der zweiten, mit *Alexander v. Humboldts* umfassenden Wirksamkeit einsetzenden Entwicklungsphase der Geophysik zum Rang einer selbständigen Disziplin erhoben hat, können wir nunmehr in die Betrachtung dieser Phase eintreten. Die Vielheit der zur Selbständigkeit gelangenden Fächer, wie z.B. Meteorologie, Klimatologie, Geomagnetismus, Seismologie, Ozeanographie usw. bedingt hier in Verbindung mit der steigenden Zahl der an dieser Entwicklung beteiligten Mitglieder unserer Akademie notwendig eine aphoristische Darstellung.

Aus diesem Grunde muß es hier auch unterbleiben, die Gesamtheit der Verdienste *Alexander v. Humboldts* an der Entwicklung der einzelnen geophysikalischen Disziplinen aufzuzeigen. In wenigen Jahren, anläßlich des 100. Todesjahres *Alexander v. Humboldts* (1859) wird unsere Akademie die Gelegenheit nicht versäumen, die bewundernswerten Leistungen dieses großen Naturforschers eingehend zu würdigen, der für die gesamten Naturwissenschaften in der ersten Hälfte des 19. Jahrhunderts unzweifelhaft die gleiche Wirksamkeit entfaltete, wie *Leibniz* für den „Globus intellectualis" seiner Zeit.

Noch zu *Alexander v. Humboldts* Zeit erfolgte die Verselbständigung der Meteorologie und Klimatologie, der Geomagnetik, der Seismologie und der Ozeanographie. Zu den beiden erstgenannten Wissenschaften hat *Humboldt* wertvolle Beiträge geliefert durch seine Studien über den Witterungsablauf in den Tropen, vor allem aber durch die Konstruktion der ersten Isothermenkarten (1817). Wenn man ferner berücksichtigt, daß die moderne Klimatologie die Lehre vom „Klima auf kleinstem Raum", die sogenannte Mikroklimatologie, zu einer Sonderdisziplin ausgebaut hat, die engste Beziehungen zur ökologischen Pflanzengeographie unterhält, so darf hier auch an *Humboldts* diesbezügliche Forschungen erinnert werden. Die Lehre vom Erdmagnetismus förderte *Humboldt* durch eine stattliche Zahl von Intensitätsbestimmungen des erdmagnetischen Feldes, die bis dahin fast völlig unberücksichtigt geblieben waren, sowie durch Studien über den Verlauf der tagesperiodischen Variationen und der sogenannten „magnetischen Stürme". Zur Seismologie trug *Humboldt* durch eine monographische Bearbeitung einzelner Beben bei; ferner lieferte er zusammen mit dem Geologen *Leopold v. Buch* die erste streng wissenschaftliche Erdbebentheorie, die auf der Annahme eines Kausalzusammenhanges mit dem Vulkanismus basiert, wobei daran zu erinnern wäre, daß man seinerzeit den Begriff „Vulkanismus" weiter faßte als heutzutage, indem man auch tektonische Vorgänge mit einbezog. Hingegen war es *Humboldt* nicht mehr vergönnt, auf dem Gebiet der eigentlichen Seismophysik zu arbeiten, da dieselbe erst kurz vor seinem Tode einsetzte. Hinsichtlich der Ozeanographie kommt *Humboldt* das Verdienst zu, die mannigfachen Ursachen der Meeresströmungen klar erkannt zu haben. Zur Physik des festen Erdkörpers schließlich hat *Humboldt* u.a. durch zahlreiche Messungen der geothermischen Tiefenstufe beigetragen in Verbindung mit einer vergleichenden Bearbeitung derartiger Beobachtungen. Diese kurzen Ausführungen mögen genügen, um zu kennzeichnen, daß *Humboldt* an den zur Verselbständigung der genannten Spezialdisziplinen notwendigen Vorarbeiten in vielfacher Weise beteiligt war.

Es wäre nun ein lehrreiches, jedoch hier nicht auszuführendes Unterfangen, zu untersuchen, welcher Art die Impulse waren, welche die zu *Humboldts* Zeit einsetzende weitere Entwicklung der so mannigfach präformierten einzelnen geophysikalischen Teildisziplinen bedingt haben. Hier nur zwei Beispiele: Die Geomagnetik verdankt ihren Entwicklungsimpuls fast ausschließlich dem genialen *Gauß*, der nicht allein die Empfindlichkeit des erdmagnetischen Instrumentariums zu steigern verstand, sondern der dazu in seiner 1838 erschienenen „Theorie des Erdmagnetismus" der ganzen Disziplin eine derart allgemeine theoretische Grundlage gab, daß seinen Nachfolgern auf Jahrzehnte hinaus nur Arbeiten akzessorischer Art übrigblieben.

Die Ozeanographie hingegen bezog ihren Entwicklungsimpuls aus der sich um die Mitte des 19. Jahrhunderts darbietenden Realisierungsmöglichkeit eines technischen Bedürfnisses, der Seekabeltelegraphie. Nachdem *Gauß* und *Wilhelm Weber* 1833 den elektromagnetischen Telegraphen erfunden hatten, erwog man in den darauf folgenden Dezennien den Plan der Unterwasserkabel, und ein günstiger Zufall fügte es, daß damals gerade die ersten Bäume bekannt wurden, welche den passenden Isolierstoff, Guttapercha, liefern konnten. Die Notwendigkeit, die morphologischen und physikalisch-chemischen Bedingungen am Lageort der Kabel, am Meeresboden, kennen zu müssen, führte dann sofort zum Ausbau der Ozeanographie durch die Tiefseeforschung.

Es liegt mir nun noch ob, den Anteil unserer Akademie an der Entwicklung der geophysikalischen Sonderdisziplinen in personeller Hinsicht kurz zu kennzeichnen.

Beginnen wir mit der Meteorologie, von der im Jahre 1836 bereits ein enzyklopädisches Handbuch aus der Feder des Physikers *Kämtz* vorlag, welches den damaligen Wissensstand treffend kennzeichnete. Noch vorher hatte sich *Joh. Wolfgang v. Goethe* durch seinen Aufsatz „Wolkengestalt nach Howard“ ein Verdienst um die Einführung einer brauchbaren Wolkenklassifikation erworben, während hingegen sein „Versuch einer Witterungslehre“ (1825), in welchem er im Geiste der damaligen spekulativen deutschen Naturphilosophie die Luftdruckschwankungen durch eine Art Gravitationsatmumg der Erde erklären wollte, als eine „Dichtung ohne Wahrheit“ bezeichnet werden muß. Die Bearbeitung und Auswertung des besonders nach Einrichtung staatlicher meteorologischer Stationsnetze in allen Kulturländern der Welt gewaltig anschwellenden Beobachtungsmaterials erfolgte nach verschiedenen wissenschaftlichen Gesichtspunkten unter richtungweisender Führung von Meteorologen wie *Heinrich Wilhelm Dove*, dem Entdecker des Drehungsgesetzes der Winde (1837), *Julius v. Hann*, dem Altmeister der österreichischen Meteorologie, *Gustav Hellmann*, dem vielseitigen

Forscher und Historiker der Meteorologie, sowie *Wladimir Köppen*, dem Schöpfer gut durchgearbeiteter Klimaklassifikationen (1900, 1918), zu welchen übrigens auch ein erstrangiger Geograph, *Albrecht Penck*, einen vielbeachteten Beitrag auf physiogeographischer Grundlage geliefert hat (1910).

Während die Thermodynamik der Atmosphäre den Physikern *Wilhelm v. Bezold* und *Heinrich Hertz* im achten Dezennium des vorigen Jahrhunderts ihre Grundlegung verdankt, haben von der Jahrhundertwende ab vor allem die Arbeiten des österreichischen Meteorologen *Felix-Maria v. Exner* und des norwegischen Hydrodynamikers und Meteorologen *Vilhelm Bjerknes* entscheidend zum Ausbau der Dynamik der Atmosphäre beigetragen. Daß hinsichtlich der zur Zeit des ersten Weltkrieges entwickelten sogenannten „Polarfronttheorie" des letztgenannten Forschers der berühmte Physiker *Hermann v. Helmholtz* bereits im Jahre 1888 wichtige theoretische Vorarbeit geleistet hatte, ist außerhalb der engeren Fachkreise wohl ebensowenig bekannt wie die Tatsache, daß auch *Werner v. Siemens* im Jahre 1886 einen theoretischen Beitrag zum Problem der allgemeinen Zirkulation der Atmosphäre geliefert hat, um dessen empirische Fundierung andererseits der schwedische Meteorologe *Hildebrandsson* bemüht war.

Die Arbeiten des norwegischen Meteorologen und Ozeanographen *Heinrich Mohn* über die Beziehungen zwischen Wind und winderzeugten Meeresströmungen leiten in das Gebiet der Ozeanographie über. Im Verzeichnis der zahlreichen ozeanographischen Untersuchungen treten uns hier die Namen der Gezeiten-, Wellen- und Zirkulationsprobleme bearbeitenden Theoretiker *Laplace*, *Airy*, *Poincaré* und *George Howard Darwin* sowie *Stokes*, *Helmholtz* und *Vilhelm Bjerknes* in ebenso leuchtenden Lettern entgegen wie die der Empiriker *v. Neumayer*, *Knudsen* und *Fritjof Nansen*, deren Arbeiten zur Seite der praktischen Ozeanographie tendieren.

Mit einer Auswahl gleichermaßen leuchtender Namen, durch die unsere Akademie an den Fortschritten der Physik der festen

Erde beteiligt ist, wollen wir diese zweite Entwicklungsphase der Geophysik abschließen. *Laplace*, *Poisson*, *Fourier*, *Legendre* und *Lamé* lieferten der Geophysik in den ersten Dezennien des 19. Jahrhunderts die erforderlichen potential-theoretischen Grundlagen und mathematischen Hilfsmittel, wie z.B. die harmonische Analyse, die Kugel- und Ellipsoidfunktionen. Die für die Seismologie unentbehrliche Elastizitätstheorie fundierten *Cauchy* und *Poisson*. Untersuchungen über das elastische Verhalten des Erdkörpers als Ganzes legten *Lamé*, Lord *Kelvin* und *George Howard Darwin* vor. Über die elastischen Wellen in geschichteten Medien, ein Problem von größter Bedeutung für die Seismologie, arbeitete Lord *Rayleigh*. Instrumentelle und theoretische Arbeiten von grundlegender Bedeutung lieferten *Emil Wiechert* für die Seismophysik und *Adolf Schmidt* für den Erdmagnetismus. Ferner seien hier die Arbeiten *Airys* zum Problem der Isostasie, der Frage des Schwimmgleichgewichts der Kontinentalschollen, erwähnt und schließlich noch die physikochemischen Untersuchungen *Gustav Tammanns* über Aggregatzustände wegen ihrer Bedeutung für die Probleme des inneren Aufbaus der Erde.

Die wissenschaftlichen Erkenntnisse, deren Entwicklung im Vorstehenden skizziert wurde, sind das Resultat vieler Forschergenerationen; die dritte Phase, der wir uns nunmehr zuwenden wollen, erstreckt sich knapp über eine Generation. Aus rein wissenschaftlichem Interesse, um nämlich gewisse räumliche Änderungen des Systems der Niveauflächen des Schwerepotentials zu vermessen, konstruierte gegen Ende des vorigen Jahrhunderts der ungarische Experimentalphysiker *Roland Eötvös* mehrere Formen eines hochempfindlichen Instruments, Schwerevariometer oder Drehwaage genannt, welches die Änderung der Schwerkraft innerhalb sehr kleiner räumlicher Distanzen zu messen gestattet und das sich damit zugleich als ein sehr brauchbares Instrument zur Feststellung unterirdischer Störungsmassen, wie sie die Lagerstätten, Salzdome usw. darstellen, erwiesen hat. Wenige Jahre später wurde man darauf aufmerksam, daß nicht nur diese sogenannte „gravimetrische Methode" zur Lagerstättenermittlung dienen kann, sondern auch „seismische Methoden", basierend auf der Registrierung der z.B. durch Sprengungen erzeugten „künstlichen Erdbebenwellen", die durch Refraktion und Reflexion an den Grenzschichten der Lagerstätten Inhomogenitäten des Untergrundes zum Ausdruck bringen. Unmittelbar nach dem ersten Weltkrieg nahmen derartige sogenannte „Verfahren der angewandten Geophysik" eine geradezu stürmische Entwicklung an, zumal die von *Adolf Schmidt* konstruierten magnetischen Feldwaagen nunmehr sehr rasch die z.B. durch Erzlagerstätten verursachten regionalen Störungen des erdmagnetischen Feldes zu vermessen gestatteten. Heute ist die Entwicklung der geophysikalischen Meßtechnik bereits so weit fortgeschritten, daß derartige Messungen vom Flugzeug aus durchgeführt werden können. Zudem wurden zahlreiche andere Verfahren elektrischer, radioaktiver, thermischer und geochemischer Art entwickelt, und die Zahl der „praktischen Geophysiker" in der Welt beträgt ein Vielfaches der theoretisch arbeitenden.

Der ökonomische Nutzen dieser Entwicklung für die Rohstoffwirtschaft der Welt ist ein außerordentlicher. Allein in Deutschland z.B. hat sich die Zahl der produktiven Erdölfelder als Folge systematischer geophysikalischer Untersuchungsarbeit in den letzten zwei Dezennien von 4 auf 30 erhöht.

Aber auch vom Standpunkt der theoretischen Wissenschaft kann eine derartige Entwicklung durchaus begrüßt werden, indem z.B. die angewandte Seismik, wie *Wiechert* gezeigt hat, der Forschung, im vorliegenden Fall der Geotektonik, wertvolle Dienste zu leisten vermag.

Mit diesem auch den theoretischen Forscher versöhnenden Ausblick nähern wir uns dem Schluß unserer Ausführungen über die Entwicklung der Geophysik. Welches Staunen würde selbst den optimistischen *Leibniz* ergreifen, wenn er den schmalen Band der „Geographia Generalis" des *Varenius* mit den modernen kompendiösen Handbüchern der Geophysik vergleichen könnte, in denen er die sorgfältigst ermittelten Angaben über die Größe und Gestalt der Erde finden würde, über die Feinheiten ihrer Bewegung und ihres Trabanten, des Mondes, über deren gegenseitige, Ozeane und Erdkruste deformierende Gravitationseinwirkung, die Gezeiten, über die Lage gewisser Unstetigkeitsflächen im Erdinnern, ermittelt aus dem Verlauf der Erdbebenwellen, über die genaue, durch unzählige Echolotungen erforschte Morphologie des Meeresbodens, über meterdicke Proben von Tiefseesedimenten, deren biogen-mineralogene Schichtung Jahrmillionen der Erdgeschichte ablesen läßt, über die Temperatur- und Salzgehaltsverteilung im Weltmeer bis in die Tiefseegräben, fast 11000 Meter unter dem Meeresspiegel, über die Strömungsverhältnisse der Ozeane bis zum Meeresgrund, über die Zirkulation der Atmosphäre und ihre Störungen, über die Temperaturverhältnisse der Lufthülle und deren chemische Zusammensetzung bis in die Ionosphäre hinein, über das durch elektrische Stromkreise der Ionosphäre vermittelte Wechselspiel der Sonnenstrahlung mit den Schwankungen der Magnetnadel und vieles mehr. Freilich würde sein scharfer Geist nach Einarbeitung in die Materie auch manche Lücken und Unbestimmtheiten entdecken, z.B. hinsichtlich der genauen Konstitution des Erdinnern, der Frage der Kontinentverschiebungen, der Ursache des Magnetfeldes der Erde, der Wettervorhersage, der Ursache der Eiszeiten usw. Andererseits würde sich *Leibniz* wiederum erfreuen an den ökonomischen Perspektiven der angewandten Geophysik sowie an den zahllosen praktischen Anwendungen vieler geophysikalischer Spezialdisziplinen in der Technik, der Medizin und der Landwirtschaft; er würde, den zu seinem Optimismus passenden, erfolgreichen Aufstieg der angewandten Geophysik mit dem Abgleiten der Philosophie in die Angstpsychose des Existentialismus vergleichend, *Karl Marx* zustimmen, daß „die Philosophen die Welt nur verschieden interpretiert haben, es aber darauf ankommt, sie zu verändern“ und für letzteren Zweck die Geophysik mitbenutzen, damit „diese Welt die beste aller Welten“ werde. Mit dieser Erkenntnis erfüllt, würde er wieder seine diplomatische Aktivität aufnehmen, um zum Ausgleich der weltpolitischen Spannungen beizutragen, denn er teilt nicht die Meinung eines neuzeitlichen Philosophen *(H. Vaihinger)*, daß „die Menschen eine am Größenwahn erkrankte, degenerierte Affenspezies" sind, sondern vertritt die Ansicht, daß die Menschheit vernünftig genug ist, um seine Forderung einzusehen und zu realisieren:

„Die Erdkugel sei das gemeinsame Vaterland
des menschlichen Geschlechts!"

FSC
www.fsc.org
MIX
Papier | Fördert gute Waldnutzung
FSC® C083411

Kolibri 360 GmbH
Ferdinand-Jühlke-Straße 7
99095 Erfurt, Deutschland
produktsicherheit@kolibri360.de